AF619905

DEUXIÈME

COMPTE-RENDU

DES

TRAVAUX DU CONGRÈS CENTRAL D'AGRICULTURE,

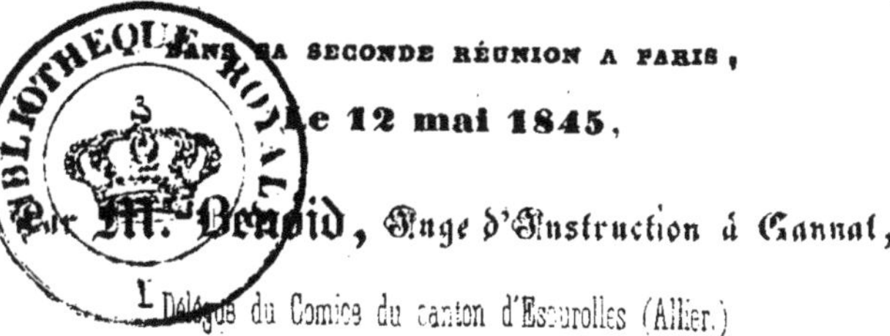

DANS SA SECONDE RÉUNION A PARIS,

Le 12 mai 1845,

Par M. Benoid, Juge d'Instruction à Gannat,

Délégué du Comice du canton d'Escurolles (Allier.)

Rapport lu à la séance du Comice, le 20 juillet.

Riom,

IMPRIMERIE DE E. LEBOYER, LIBRAIRE,

RUE DU COMMERCE.

1845.

1846

DEUXIÈME
COMPTE-RENDU
DES
TRAVAUX DU CONGRÈS CENTRAL D'AGRICULTURE,
DANS SA SECONDE RÉUNION A PARIS;
Le 12 mai 1845,

Par M. Benoid, Juge d'Instruction à Gannat,

Délégué du Comice du canton d'Escurolles (Allier.)

Rapport lu à la séance du Comice, le 20 juillet.

Messieurs,

Chacun de vous, cette année, a pu lire dans plusieurs journaux l'analyse des travaux du Congrès central d'Agriculture. L'an dernier cette circonstance ne s'est pas rencontrée, et elle aurait pu dispenser de vous rendre un compte que certains organes de la presse ont reproduit assez fidèlement. Je me suis cependant imposé une seconde fois cette tâche.

La nouvelle physionomie qui a caractérisé le Congrès dans sa seconde session ; la mention spéciale dans ses procès-verbaux du Comice du canton d'Escurolles, sont les deux circonstances qui m'ont déterminé à vous parler encore une fois de l'institution du Congrès central, de ses travaux et de la haute influence qu'il est appelé à exercer sur l'avenir des intérêts agricoles.

Il faut aussi que ceux de nos collègues, pour qui la courte session du Congrès central serait passée inaperçue dans la presse, n'ignorent pas la continuité de son existence, et la vie forte et toute agricole qu'il a puisée dans sa nouvelle constitution. Cet avertissement fixera une autre année leur attention, et ils liront ailleurs avec plus d'intérêt et plus de profit l'exposé des matières que mes efforts ne vont tendre encore, dans ce compte-rendu, qu'à vous présenter le plus clairement et le plus brièvement qu'il me sera possible. Je ne dois pas cependant mettre de côté mes impressions personnelles ; vous m'en permettrez, Messieurs, la libre expression, cette année, comme l'année dernière.

Et d'abord, j'ai hâte de vous dire combien la représentation du Congrès a pris de l'extension à sa seconde session. Au Congrès de 1844, quarante-huit départements étaient représentés par 130 délégués; cette année 430 délégués représentaient 76 départements, c'est-à-dire la France entière, moins dix départements, qui bientôt, j'en suis sûr, auront leur place à cette réunion qui représente les plus grands intérêts du pays. Vous devez ajouter la plus haute importance à ce fait accompli, et l'Agriculture qui compte à peine nominativement dans l'Etat quelques années d'existence, s'est éveillée enfin au milieu de la nation, grande et forte de tous ses droits.

Le développement rapide des intérêts moraux agricoles est dû à la protection que n'a cessé de leur accorder l'administration qui gouverne la France. J'ai eu occasion de vous dire, à l'époque de notre constitution, que l'organisation des Comices ne datait que de 1830, et ces institutions libéralement élargies ont utilement répandu l'éducation agricole, et le bienfait du rapprochement des hommes qui travaillent en commun à une œuvre dont la prospérité dépend du bon ordre et de la paix du monde.

Le 12 mai, la seconde session du Congrès s'est ouverte à Paris au Palais du Luxembourg, sous la présidence de M. le duc Decases, grand référendaire de la Chambre des Pairs. La Commission permanente chargée de préparer la réunion du Congrès avait formé le bureau provisoire que l'assemblée confirma (1). Cette première mesure adop-

(1) Bureau définitif :
Le Duc Decases, *Président ;*

tée, M. le président proclama l'ouverture de la seconde session du Congrès central. Il fit connaître au Congrès, dans un exposé rapide, les progrès que les intérêts agricoles avaient obtenus depuis la dernière session. Ces résultats vous paraîtront minimes en présence des grands besoins de l'Agriculture; cependant ils placent véritablement ses intérêts dans une voie de protection. qui de jour en jour grandira dans les limites d'une sage réserve et du bon vouloir de nos hommes d'état.

Vous savez, Messieurs, que le budget ne porte que la somme de 800,000 francs, destinés à l'encouragement de l'Agriculture. Le gouvernement cette année a libéralement ajouté à la somme votée par les Chambres celle de 70,000 francs.

Le concours de Poissy, du 20 mars dernier, est venu se placer à la tête des fêtes agricoles, et prêter son appui moral et la grandeur de sa solennité à la distribution des primes des Sociétés d'Agriculture et des Comices. Ce grand concours d'honneur, aux portes de Paris, est bien loin de nos contrées;

De Gasparin, De Tracy, De Torcy, Fouquier-d'Héronel, Lemaire, De Tocqueville,	*Vice-Présidents*
Barillon, Lefèvre, Bonnet, Pommier,	*Secrétaires.*

mais grâce à la prospérité toujours croissante des richesses de la France, espérons que bientôt les chemins de fer viendront prêter leur merveilleuse rapidité à nos produits, et qu'il nous sera permis alors de prendre plus facilement une part active à ce concours central des éleveurs français.

Ne pensez pas cependant, Messieurs, que le nourrisseur Bourbonnais ait manqué au concours de Poissy. Je sais que notre département y était représenté, et la présence seule de nos bestiaux à Poissy honore suffisamment l'Agriculture de notre département, dont les efforts et le progrès ne se ralentiront pas.

Je ne viens de mentionner que les résultats en progrès agricoles dont l'exécution s'est opérée; cependant j'ajouterai les espérances que le Président du Congrès donna à l'assemblée, et qui consistent dans l'engagement formel pris par le gouvernement de s'occuper de l'enseignement agricole, d'aviser aux moyens de détériorer le sel, pour mettre à la disposition de l'Agriculture cette alimentation précieuse pour les animaux, et enfin de supprimer le décime rural. Je dois m'empresser de vous dire que la promesse de détériorer le sel pour le livrer aux besoins de l'Agriculture ne s'est pas fait long-temps attendre. Le Ministre des finances a annoncé à la Chambre des députés, le 3 de ce mois, que l'ordonnance réglementaire sur cet objet était sur le point de paraître.

Après l'exposé de ces faits, M. le secrétaire lut

au Congrès les documents qui avaient été adressés à la Commission permanente par les Sociétés d'Agriculture et les Comices. Les vœux et les questions retenues par la Commission avaient été classées sur plusieurs tableaux séparés et destinés à être transmis à chaque Commission qui devait s'occuper spécialement de la matière qui concerne ces questions (1).

Deux questions posées par le Comice d'Escurolles étaient comprises dans ces tableaux. J'en parlerai dans l'ordre des matières.

La session du Congrès fut fixée à huit séances, et le règlement fut ensuite discuté et arrêté.

Je crois devoir reprendre la même marche que j'ai suivie l'année dernière, dans l'analyse des matières qui ont été discutées au Congrès, et je vous entretiendrai de ces matières selon l'ordre de leur discussion. Le même titre est appliqué au plus

(1) Les Commissions étaient au nombre de douze, elles étaient divisées de la manière suivante :

1° Commission des Bestiaux ;
2° Commission du Crédit Agricole ;
3° Commission des Biens Communaux ;
4° Commission d'Organisation des Comices ;
5° Commission d'Hygiène des campagnes ;
6° Commission d'Engrais ;
7° Commission du Sel ;
8° Commission des Céréales :
9° Commission des Chevaux ;
10° Commission des Vins ;
11° Commission des Vœux à renouveler ;
12° Commission des Vœux nouveaux.

grand nombre de ces matières ; mais elles reposent cependant sur une base nouvelle de discussion.

Les anciennes questions comme les nouvelles ont été envisagées par le Congrès de 1845, sur un point de vue plus pratique que dans le Congrès de 1844, et cette considération me conduira également à être moins court que j'en aurais le désir.

Je ne veux pas cependant, Messieurs, abuser de votre attention. La lecture de ce long travail prendrait trop de temps. J'ai le projet de le livrer à l'impression et de le porter à votre connaissance dans toutes ses parties, puisque l'année dernière vous avez eu la bienveillance de m'en témoigner le désir pour mon premier rapport.

Je me bornerai à lire les articles qui comprennent les questions posées par le Comice d'Escurolles, et qui ont été retenues par la Commission permanente du Congrès. Et j'ajouterai seulement la lecture de ceux dont le titre a figuré pour la première fois cette année dans le programme du Congrès central (1).

PLANTES OLÉAGINEUSES.

Le produit oléagineux s'est classé de nouveau en première ligne dans les discussions du Congrès de 1845. Cette faveur nouvelle pour ce produit tenait à une circonstance du moment. La Chambre des

(1) Ces articles comprennent le crédit foncier, l'industrie séricicole, les biens communaux, les céréales, l'hygiène des campagnes et l'organisation des Comices.

Pairs était appelée dans ses premières séances à se prononcer sur le droit d'entrée de 10 pour 0|0 imposé par la Chambre des Députés sur la graine de sésame.

Les producteurs du colza, de l'œillette, du lin, du chènevis, devaient grandement désirer que le vote du Congrès leur fût favorable et leur devînt un appui de plus auprès de la Chambre des Pairs. Leur désir fut satisfait, et le Congrès exprima le vœu à une grande majorité que le droit imposé par la Chambre des Députés reçût la dernière sanction législative. L'année dernière, la majorité du Congrès avait voté qu'un droit protecteur fût imposé sur les graines oléagineuses en général, suivant le rendement comparé avec l'importation des huiles végétales. Ce mode de tarif m'avait paru une règle de justice; mais ce que je ne savais pas, c'est que par ce vote, la taxe sur le sésame était portée à 15 francs. Le vote de cette année a donc moins d'exagération, ce que je ne regrette pas; car je crois que la question n'est pas encore comprise, et qu'elle repose au nord et au midi sur des appréhensions réciproques qui ne sont pas encore bien justifiées.

Cette question devait trouver sur sa route les partisans des plantes fourragères qui prohibent la culture des plantes oléagineuses; mais la majorité du Congrès repoussa tout système de prohibition de la culture des produits oléagineux. L'assemblée s'éleva fortement contre la pensée que cette culture était épuisante. On soutint que les prairies artificielles étaient à la fin épuisantes pour la terre et que le colza en rétablit la fertilité.

L'opinion que les prairies artificielles épuisent la terre n'est pas celle que j'ai entendu souvent exprimer parmi vous. Notre pays considère avec raison les prairies artificielles comme amendement pour tout genre de semailles qui les suit, et si le plus grand nombre de prairies artificielles dégénère vite, cela tient à la nature de la plante et non à l'épuisement de la terre.

Le Congrès resta inébranlable dans son opinion, malgré l'exemple qui lui fut donné de l'Angleterre qui ne cultive point les plantes oléagineuses et qui récolte dix fois la semence, tandis que la terre de France ne rend que six fois la semence.

La sésame, plante originaire d'Egypte, qui donne dit-on, 50 pour 0/0, a beaucoup, cette année, occupé le public. Nous n'avons aucune prétention à sa richesse productive, notre climat s'y oppose; mais le soleil de la France éclaire des contrées plus soumises à son influence calorique, et la culture s'améliorant, son sol peut nous donner un jour les productions qu'il nous refuse aujourd'hui.

Notre conquête civilisatrice de l'Afrique est un point agricole dont la valeur nous est encore inconnue, et notre puissance à conquérir ce pays à l'avenir de la France, est pour moi le fait le plus significatif de la position élevée que notre patrie conserve aux conseils des nations de l'Europe.

REPRÉSENTATION DE L'AGRICULTURE.

La Commission des vœux à renouveler dut subdiviser son travail entre plusieurs Commissions prises dans son sein.

Le rapport sur la représentation de l'Agriculture fut le premier soumis à la discussion. Le cadre de ce rapport méritait d'être mis en tête des travaux du Congrès ; car il s'agit de donner dans l'Etat, aux intérêts agricoles, une représentation nécessaire à sa prospérité et digne de son importance.

La création des Chambres consultatives, fondée sur un mode électif, fut le premier point sur lequel la Commission fixa de nouveau l'attention du Congrès. L'année dernière, j'ai exprimé mon opinion à cet égard, et ce qu'on appelle Chambres consultatives d'Agriculture, je l'ai nommé *Conseils agricoles des départements.* Je ne tiens pas cependant à telle ou telle dénomination, mais je persiste dans cette opinion, que la réunion de ces Conseils doit être périodique et déterminée pour l'utilité comme pour la dignité de l'Agriculture.

Le vœu d'un ministère spécial de l'Agriculture a été exprimé cette année par la majorité du Congrès. L'année dernière, l'Assemblée s'est montrée moins chatouilleuse sur la controverse de cette délicate question. La Commission de 1844 avait exprimé un vœu plus modeste : elle avait pensé que les intérêts agricoles trouveraient une garantie suffisante, plus pratique et plus stable dans la personne d'un directeur général attaché au ministère qui existe aujourd'hui. La Commission de 1845, au contraire, a conclu formellement à la création d'un ministère spécial de l'Agriculture, et elle appuyait sa demande sur le vœu exprimé par 25 Comices.

Malgré l'autorité de la Commission du Congrès et le nombre des Comices qui se sont exprimés à cet égard, les considérations nouvelles qui ont été présentées n'ont pas été de nature à modifier si promptement l'opinion que je m'étais formée l'année dernière. L'argument le plus saillant a été de prétendre qu'il fallait que l'Agriculture fût représentée nominativement, seule aux conseils du roi. Je suis loin de blâmer ce sentiment qui puise sa force dans celui de la haute considération que mérite l'Agriculture ; mais je crois que cet argument perd de sa valeur dans un siècle positif et sous l'empire d'un gouvernement représentatif ; il est donc permis de balancer les avantages de cette faveur avec les inconvénients qui peuvent en résulter.

Ainsi, je place toujours en première ligne les dépenses nécessaires pour créer un nouveau ministère et le traitement qui y est attaché. Le budget d'un ministère lui donne la vie et la force, et ce moteur de toute chose manque à l'Agriculture.

Loin de voir une anomalie dans la réunion de l'Agriculture et du commerce dans le même ministère, je trouve au contraire une parfaite alliance entre deux industries qui s'appuient l'une sur l'autre. La prospérité dépend de leur bonne harmonie, et la souffrance de l'une et de l'autre naîtrait indubitablement d'un sentiment de jalousie ou de rivalité entre elles. Un bon ménage dans une vie commune fait les affaires de la famille, et j'applique cet exemple à l'Agriculture et au commerce si intimement liés entre eux. Ce besoin d'une égale humeur pour la bonne régie d'un bien en communauté n'exclut pas cependant le droit de surveiller ses intérêts particuliers, et cette idée de toute justice a donné naissance au Congrès central d'Agriculture.

Aussi j'ai eu de la peine à comprendre la critique qui a été faite dans un journal important des délibérations du Congrès central. On ne veut pas qu'il s'occupe de tarifs et des droits de douane; une industrie productive a le droit de se défendre des produits étrangers; et l'examen de la facilité plus ou moins grande donnée à l'introduction en France des denrées étrangères est dans le droit tout naturel des vœux du Congrès.

Le Congrès de 1845 semblerait avoir éveillé des susceptibilités. On nous conseille de revenir à nos charrues. Sans doute, l'agriculteur sera toujours fier de reprendre cette arme toute de pacification et de moralisation; mais qu'on sache bien que le monde agricole a le sentiment de sa puissance et de sa valeur, et qu'il est digne de s'élever à la hauteur des idées sociales, et de comprendre ses intérêts et ceux de son pays.

CRÉDIT AGRICOLE.

Le programme du Congrès de 1844 ne parlait en général que du crédit foncier. Celui de la dernière session a été plus explicite dans ses termes en parlant du crédit agricole dans *son application à l'exploitation du sol.* Cette question du programme du Congrès de 1845, renfermée dans ce cercle, répond aux besoins de l'Agriculture et s'applique à des vues d'amélioration pratique.

La Commission du Crédit agricole formula plusieurs vœux. Elle renouvela le vœu de la modification du régime hypothécaire (1); elle exprima le désir de voir introduire, dans les conditions des baux, des garanties pour le fermier. Ces garanties consisteraient dans une indemnité accordée au fermier à la fin de son bail pour les améliorations qu'il aurait introduites, ou le droit qui lui serait donné, dans ce cas, de prolonger sa jouissance. C'est un droit nouveau qu'on voudrait placer à côté de celui qui appartient au propriétaire pour les abus de jouissance du fermier; mais il n'y a pas parité de raisons; le fermier sait à quoi il s'engage par l'état des lieux à son entrée en jouissance, et le propriétaire, au contraire, resterait sous le coup d'un en-

(1) Le Gouvernement vient de nommer une Commission qui est chargée de l'examen de notre régime hypothécaire, afin de préparer un projet à cet égard pour la prochaine session des Chambres.

gagement incertain pour lui, et peut-être opposé à ses vues personnelles.

Un moyen simple et sans crainte qu'il devienne une source nouvelle de procès, se présente pour arriver plus sûrement au but que la Commission du Congrès s'était proposé. Ce moyen est le bail à long terme. Un bail fait à long terme conduit nécessairement le fermier à introduire ou à maintenir dans sa ferme la meilleure culture possible. Il se décide à faire des améliorations, parce qu'il a l'espérance de récupérer le bénéfice de ses avances. Dans cette position, l'intérêt de l'Agriculture, celui du fermier et du propriétaire me paraissent dans des conditions les plus favorables.

Cependant, j'ai trouvé au sein du Congrès une majorité qui était contraire aux baux à long terme, et j'ai entendu dire autour de moi que les baux à long terme n'étaient pas dans l'intérêt de l'Agriculture.

La Commission, à l'unanimité, demanda que des institutions de crédit agricole fussent organisées. Elle donna pour base à son système de banque la création d'actions agricoles dont l'émission devait appeler à sa caisse l'argent des capitalistes et servir également de refuge aux capitaux des déposants aux Caisses d'épargne. L'année dernière, j'avais formulé sur les mêmes bases un projet de crédit que la Commission de 1844 ne crut pas sans doute qu'il était temps de mentionner. L'Assemblée suivit avec peine le développement savamment théorique donné à ce système de crédit par l'un des Rapporteurs de la Commission.

Une des questions posées par le Comice d'Escurolles fut classée dans le rapport du crédit agricole. Cette question fut rappelée dans ses propres termes, et j'ai besoin d'en reproduire le texte à vos souvenirs. Vous avez demandé que le Congrès s'occupât de la création des banques agricoles destinées au pressant besoin de mettre le taux de l'argent en rapport avec le produit de la propriété territoriale qui est l'unique richesse de la contrée que représente le Comice d'Escurolles ; sans cette création, disiez-vous, les moyens pécuniaires du cultivateur ne lui permettront pas de se livrer à des améliorations importantes.

M. le Rapporteur de la Commission du crédit foncier déclara la question nettement et clairement posée, et il donna connaissance au Congrès des différentes propositions qui répondaient à ce but. Les délégués du Comice d'Escurolles avaient les premiers à répondre à cette grave question que je considère comme celle qui importe le plus au progrès de l'Agriculture. Le problème, j'en conviens, est difficile à résoudre ; mais la difficulté ne s'applanira pas si chacun recule en présence de l'organisation de cette institution sociale.

Je présentai à la Commission du crédit agricole les théories de mes réflexions que je fis suivre d'un exemple pratique de banque agricole. Je dois vous dire, Messieurs, quel est le système que j'ai présenté au Congrès. Ce travail, qui a été qualifié de complet dans certains journaux, est loin d'avoir ce mérite. Je n'ai pas cette prétention, c'est un simple canevas dont le mécanisme aurait besoin d'être pesé plus mûrement pour en assurer le jeu régulier dans toutes ses parties (1).

J'ai la conviction que le crédit agricole ne deviendra prospère et utile au pays que s'il repose sur la protection puissante et immédiate de l'État. La richesse publique ne peut avoir de meilleur et de plus solide appui que la richesse publique elle-même.

Un membre du Congrès, dont la place est marquée à bien des titres parmi les hommes les plus distingués de la France, répondit à cette question que l'État avait assez à faire de ses propres affaires. Ces mots ne vont pas au fond des grandes choses, et j'ai peine à comprendre que la première affaire de l'État ne soit pas l'intérêt des productions de son sol. L'Agriculture ne demande pas des sacrifices à l'État; elle forme des vœux pour que l'État, tout en ménageant ses intérêts, régularise cependant à l'appui de son crédit la richesse de la population agricole. Cette idée n'est pas nouvelle et inexécutable; elle se pratique dans le royaume de Pologne.

La création des Caisses d'épargne a pris nais-

(1) M. Des Colombiers, président de la Société d'Agriculture de l'Allier, a bien voulu également, dans la dernière séance de la Société, en parlant du Congrès central, faire mention de ce petit travail en termes bienveillants pour moi.

sance dans une pensée grande et belle. Cette institution est devenue pour la population des villes un centre d'aisance et de richesse. Croit-on que la pensée serait moins belle et moins grande, s'il était possible de placer la population des campagnes sur le même pied de richesse et d'aisance ?

Ce bienfait social aurait un double prix, si ces institutions d'intérêt public s'appuyaient l'une sur l'autre, et si la richesse de l'une fécondait celle de l'autre. Les bons résultats de cette combinaison ne me paraissent pas impossibles, et l'énorme prospérité de la Caisse d'épargne fournit, selon moi, les éléments suffisants à cette combinaison.

Le compte-rendu du mouvement des Caisses d'épargne en 1843 établit, qu'à la fin de l'année, la solde en caisse était de 347 millions de francs ; et que dans le court espace d'un an, près de 45 millions ont été ajoutés à la masse des fonds d'épargne. « Avant peu, si le mouvement se soutient, a dit le ministre, le peuple sera possesseur d'un demi-milliard d'économie. »

Malheureusement, je crois que le dividende de cette énorme somme pour le peuple des campagnes serait bien minime, s'il n'était pas complètement nul. Le *Moniteur* s'explique suffisamment sur ce point, en faisant connaître les trois classes de créanciers de la Caisse d'épargne à la fin de 1843. Ce sont : les ouvriers, pour près de 60 millions de francs ; les domestiques, pour plus de 43 millions, et les employés, pour 13 millions.

Au Congrès central, j'ai dû faire précéder mon projet de quelques observations ; j'ai dû signaler les deux avantages qui caractérisent les Caisses d'épargne. Le premier est de faire naître dans l'esprit de la population des idées d'ordre et d'économie; le second se produit par le premier, puisqu'il rassure la classe ouvrière contre l'éventualité d'un besoin pressant. Il y a un grand intérêt social à maintenir ce dernier bienfait de la Caisse d'épargne, et l'État en doit conserver le principe tout en cherchant le moyen de diminuer le danger qui pèse sur lui pour une dette énorme exigible à vue des livrets. Cette raison d'État a sagement déterminé le gouvernement dans cette session, à demander aux Chambres un règlement nouveau pour les fonds de la Caisse d'épargne ; mais les mesures législatives récemment votées peuvent compromettre l'une des causes, la plus bienfaisante des Caisses d'épargne : c'est celle qui assure le pécule du petit capitaliste ; pécule qui deviendra incertain en le rejetant sur la rente dont les combinaisons lui échapperont toujours.

Au contraire, les fonds appuyés sur la valeur du sol seraient une ressource impérissable pour le petit capitaliste, et son pécule se trouverait ainsi à l'abri des événements qui, mal appréciés, peuvent en compromettre l'existence.

Sous le bénéfice des observations qui précèdent, j'ai formulé au Congrès un mode de banque agricole dans les termes suivants :

EXEMPLE DE BANQUE AGRICOLE.

Les sommes des Caisses d'épargnes formeraient deux classes ou catégories :

La première classe comprendrait les fonds mobiliers.

La deuxième classe comprendrait les fonds immobiliers.

Les fonds mobiliers suivraient les règles qui se pratiquent aujourd'hui.

Les fonds immobiliers qui prendraient ce caractère, en reposant sur des hypothèques, ne seraient exigibles qu'après 5 ans au service d'un intérêt à 4 p. %.

Ainsi, à l'avenir, une partie des fonds déposés dans la Caisse d'épargnes, la moitié, par exemple, serait versée dans la caisse de la Banque agricole.

La valeur de ces fonds serait représentée par des coupons de 1,500 et de 3,000 francs, transmissibles à des tiers et correspondant par un nº à l'hypothèque classée sous le même nº.

Celui qui aurait déposé 1,000 fr. et qui dépasserait cette somme, prendrait rang aussitôt pour le surplus sur le livre des coupons hypothécaires.

La banque de l'État lui servirait pendant 5 ans les intérêts à 4 p. % des sommes qui seraient devenues hypothécaires.

Six mois avant l'expiration des cinq ans, le déposant serait obligé de déclarer qu'il entend toucher le dividende des annuités de son hypothèque, et faute de cette déclaration, la Banque agricole de l'État se libérerait du capital et des intérêts, en transmettant le coupon hypothécaire au déposant, qui deviendrait alors créancier direct de la personne qui aurait consenti l'hypothèque du nº du coupon.

Si la somme déposée en second lieu n'atteignait pas le coupon de 1,500 francs, la Banque, après cinq ans, serait tenue au remboursement de cette somme, d'après les règles ordinaires des libérations des Caisses d'épargnes.

La Banque agricole n'ouvrirait un crédit :

1° Qu'à celui qui serait propriétaire de 6 hectares de terre ;

2° Le fermier cultivant la même contenue de terrain pourrait être admis au même crédit ;

3° Les petits propriétaires qui auraient formé entre eux, par acte authentique, une société de culture d'une durée de 12 à 18 ans, et d'une contenue de terrain également de 6 hectares, pourraient jouir du même avantage.

La Banque agricole de l'État percevrait les intérêts à 4 p. °/o, suivant les règles établies pour la perception de l'impôt.

Le capital ne serait remboursable par annuités que dans la seconde période quinquennale. Un terme plus long ne peut convenir au mouvement rapide des affaires en France.

Le système de la Commission et celui que je viens de développer et de traduire par un exemple de banque, rencontrèrent un puissant adversaire dans la parole entraînante d'un membre du Congrès dont j'ai déjà fait connaître en partie, en commençant, l'opinion à ce sujet. Selon l'orateur, le Congrès ne devait pas se préoccuper de questions abstraites, et son occupation unique devait se renfermer dans l'organisation des Comices et dans le moyen d'honorer l'Agriculture dans la personne des présidents des Comices, en maintenant toujours pour eux, dans les fêtes agricoles, l'honneur du premier rang, même en présence des premières autorités du département. Cela, je crois, n'est contesté par personne. C'est un sentiment de convenance qui blesserait légitimement tout agriculteur, s'il en était autrement; mais cet honneur accidentel et local ne donne pas à l'Agriculture ni la richesse, ni la part d'influence et d'honneur public qui lui sont dus dans l'Etat. Le Congrès central doit avoir la mission de fixer l'attention du gouvernement sur les hautes questions sociales qui intéressent l'Agriculture, et il n'y a rien d'illégal et de trop dans des délibérations qui se résument par des vœux. Contester ce droit au Congrès, c'est tout simplement combattre son existence.

La majorité du Congrès termina cette discussion par l'adoption d'un amendement qui exprimait le vœu que le gouvernement fût prié de mettre en étude les institutions du crédit agricole.

ENSEIGNEMENT AGRICOLE.

L'Enseignement agricole a été l'objet, cette année, d'un nouveau rapport. L'influence salutaire que cette institution doit avoir sur l'avenir de l'Agriculture ne pouvait laisser en oubli son importance. Les subdivisions, peut-être trop nombreuses que les Commissions des vœux à renouveler et des vœux nouveaux avaient cru devoir faire des matières qui étaient soumises à leur examen, en multipliant les rapports, ne permirent pas une longue discussion sur chacun d'eux. J'ai besoin cepen-

(1) Le Ministre de l'Agriculture et du commerce vient d'adresser aux conseils généraux plusieurs questions qui s'appliquent au Crédit agricole.

dant de tous les classer dans mon travail, parce que la lecture en a été donnée au Congrès, et qu'ils ont tous subi une discussion plus ou moins longue.

Le Congrès, dans sa première session, avait exprimé le vœu que l'Etat s'occupât de l'instruction agricole comme de l'instruction des autres sciences. Ce vœu a été renouvelé.

Les différents systèmes d'éducation agricole qui subirent, l'année dernière, un débat assez long, n'ont pas été repris cette année. Un seul point a fixé l'attention du Congrès; c'est celui de l'admission des candidats au professorat agricole. La Commission a émis l'opinion que pour être admis au concours du professorat, il serait nécessaire de justifier d'un temps d'étude dans une école d'Agriculture, ou avoir subi un premier examen agricole devant une Commission instituée à cet effet. L'obligation de cette première épreuve n'était que la conséquence du classement de l'Agriculture au rang des autres sciences, qui, toutes, exigent cette première garantie de connaissance spéciale d'une science qu'on veut enseigner aux autres.

La majorité du Congrès rejeta les conclusions de la Commission. Ce vote me parut peu recueilli et donné sous l'impression d'une préoccupation de liberté mal comprise. Le Congrès décida que tout individu pouvait se présenter de prime abord à l'examen du professorat, pourvu qu'il fût muni d'un certificat de moralité. Cette concurrence ouverte à tous peut avoir le grave inconvénient de trop augmenter le nombre des candidats, et de rendre ainsi un bon choix difficile.

INDUSTRIE SERICICOLE.

Le ver à soie, cette année, a pris rang dans les séances du Congrès. Il paraît que ce producteur du luxe est, en France, dans une voie de grande prospérité. Telle est, du moins, l'opinion qui fut exprimée au Congrès par ceux des membres qui en parlèrent comme les plus intéressés à cette industrie.

La Commission des vers à soie avait cependant pensé, dans l'intérêt de plusieurs départements qui cultivent le mûrier, de formuler le vœu que la soie grége ou brute venant de l'Inde ou de la Chine fût frappée d'un droit de 25 p. °/₀, et ils réclamèrent le maintien de celui qui existait à l'égard des tissus de soie.

On a beaucoup et souvent parlé des avantages de la plantation du mûrier et de la richesse des magnanieries; mais il ne faut pas toujours compter sur ce que prône la mode; car les déceptions, en Agriculture, arrivent souvent après les calculs. Je place les vers à soie dans la catégorie des essais chanceux, et le profit de cet insecte ne peut devenir certain et grand que lorsque déjà on a dépensé beaucoup.

Le langage au Congrès des partisans de l'industrie séricicole n'exprimait pas ces craintes; à les entendre, la population ds la France avait le plus grand intérêt à voir établir, dans chaque école communale, des enseignements pour élever le ver à soie, et habituer ainsi les femmes et les enfants à ce travail peu difficile. C'était généraliser, au détriment d'occupations agricoles non moins précieuses, un travail qui peut être productif et bon dans certaine partie de la France, mais dont beaucoup d'autres ne peuvent profiter.

La plantation du mûrier est facile; cet arbre s'accommode en général de tous les terrains sous un climat tempéré ; mais il n'en est pas de même de l'élève et de la conservation du ver à soie qui souffre ou périt par mille circonstances.

J'ai lu dans un dictionnaire d'histoire naturelle, qu'au XVIe siècle, la culture du ver à soie était très-brillante dans les vallées de la Loire et de l'Allier. On y cite l'aspect des jardins de Moulins où les mûriers s'élevaient encore majestueusement à la fin du XVIIe siècle. Rien de tout cela n'existe maintenant dans notre département. La prospérité de cette industrie n'est pas arrivée jusqu'à nous, et je ne peux vous indiquer les causes de sa décadence.

Notre contrée peut prétendre à tous les genres de production. Vous êtes sûr que son sol se prêtera à tous vos efforts, à tous vos essais de culture ; cependant je crois sage de nous renfermer dans nos productions moins soyeuses, mais plus certaines ; et si j'avais à recommander à vos soins la plantation d'un arbre, je vous parlerais de nouveau de l'intérêt que nous avons à maintenir la culture du noyer, jusqu'ici notre seule production oléagineuse, et que jamais nous ne remplacerons, au moins pour la qualité.

BIENS COMMUNAUX.

La question des biens communaux, qui occupe depuis long-temps des esprits sérieux, fut mise à l'ordre du jour par le rapport de la Commission. La solution de cette question n'est pas toute agricole. Elle touche par plusieurs points au droit de propriété qui est le fondement de l'édifice social, et dans cette circonstance, ce droit est d'autant plus sacré aux yeux de quelques personnes, que c'est la classe pauvre qui, la première, a intérêt à l'invoquer.

Vous sentez, Messieurs, que la question placée sur ce terrain comprend des sentiments d'humanité qu'on doit d'autant moins froisser, qu'ils sont plus respectables. Mais en dégageant l'esprit de cette première préoccupation, et en portant la question sur le point de vue qu'elle mérite d'avoir, je trouve que le droit de propriété et les intérêts bien entendus du pauvre, en ce sens qu'ils participent toujours de l'aisance de la commune, ne sont point un obstacle pour trouver un moyen de rendre productifs les terrains communaux qui comprennent dans beaucoup de départements une grande étendue de terres incultes.

L'origine de la propriété des biens communaux

à deux sources principales : la première remonte à des concessions faites par des seigneurs à un corps d'habitants moyennant des redevances qui ont disparu en 1789 comme entâchées de féodalité.

La seconde se fonde sur la loi du 10 juin 1793, qui attribue aux communes les terrains vacants. Cette dernière loi autorise également le partage des biens communaux, et ce mode de jouissance a été adopté par quelques communes.

Depuis long-temps, l'administration supérieure n'autorise plus le partage des biens communaux. Cette voix était contraire à la nature du droit des biens communaux dont l'avenir de prospérité regarde les générations futures d'une commune comme les générations présentes. Cette manière d'envisager la question me semble la plus conforme aux principes de la matière, et on arrive par ce moyen à résoudre avec justice la grave question des biens communaux.

Je n'admets pas que chaque habitant d'une commune, ou chaque feu, comme on dit dans certains pays, ait un droit personnel et réel sur les biens communaux. Ce n'est pas le véritable esprit de la loi, en attribuant aux communes les biens vacants. Le droit de propriété ne repose jamais incertain sur la tête de personne, et il se refuse à la fluctuation individuelle qui caractérise le mouvement d'une population.

Ainsi, c'est l'être moral de la commune qui est saisi par la loi de la propriété des biens communaux, et cet être moral n'est autre chose que l'intérêt général plus ou moins représenté dans chaque partie de la nation. Ce principe juste une fois reconnu, il faut admettre qu'il est dans le droit de la haute administration du pays de surveiller la régie des biens communaux, comme tous autres intérêts concernant une communauté d'habitants.

La participation plus ou moins grande à l'impôt ne peut créer, au profit des habitants d'une commune, un droit individuel plus fort de propriété. Je comprends que cette charge ait pu servir de règlement pour le mode de jouissance ; c'est ce qui se pratique dans les pays de pacages ; dans ce cas, la règle est juste pour fonder un droit plus ou moins fort de jouissance commune, mais elle ne peut fonder sur la chose un droit de propriété qui serait attaché dans son extension à la prospérité plus ou moins grande des fortunes privées.

Le système du partage des biens communaux sur cette dernière base, en gratifiant la classe pauvre d'un tiers de ces biens, fut soutenue par M. Dumiral, membre de votre Comice, secrétaire et délégué de la Société d'Agriculture du département du Puy-de-Dôme. Votre collègue porta dans cette question l'habileté de la parole et des arguments. Ses connaissances et son talent ne lui firent pas défaut; mais ses conclusions n'étaient pas admissibles en présence de la grande part attribuée au riche propriétaire et de la deshérence du pauvre futur qui malheureusement dans les communes ne manquera jamais pour recueillir ce triste héritage.

Le Congrès ne fut pas également favorable à la vente des biens communaux. Il considéra avec raison la vente comme une exception qui ne doit être pratiquée que pour couvrir des besoins indispensables. La vente aliène les ressources territoriales de la génération future, et cet acte d'administration n'est pas celui d'un bon père de famille. Cependant on ne doit pas étendre cette réserve à tous les cas, et il est bon de convertir en argent les terrains vacants d'une petite étendue, qui ne peuvent avoir aucune importance d'amélioration et de location, ainsi que les excédents de chemins qu'il est si difficile de préserver des empiétations des propriétaires qui les avoisinent, et qui finissent toujours, avec le temps, par les convertir en propriété privée.

La majorité du Congrès adopta le fermage comme le mode de régie qui était le plus convenable à l'intérêt des communes. Elle exprima le vœu que les Conseils généraux fussent chargés de déterminer dans chaque localité, selon les besoins reconnus, la portion des biens communaux qui serait jouie en commun par les habitants d'une commune, et comme conséquence de ce vœu, le Congrès ajouta que les communes seraient dans l'obligation d'affermer tous autres terrains communaux susceptibles de culture. La Commission avait proposé, qu'à cet effet, les baux à plus longs termes servissent de règle obligatoire pour le fermage des biens communaux, et c'est à cette occasion principalement que le système des baux à longs termes fut combattu.

Le Congrès adopta un moyen de conciliation entre les deux opinions des avantages et des inconvénients des baux à termes plus ou moins longs, en se bornant à exprimer le vœu que les baux fussent les plus longs possible.

Le fermage des biens communaux, dans notre contrée, est déjà en pratique. Vous en connaissez les bons résultats de culture et les avantages pécuniaires qui en résultent. Les biens communaux de Gannat, improductifs et marécageux, il y a quelques années, sont aujourd'hui des terrains de bonne culture et une ressource de revenu considérable pour la commune.

J'ai un exemple plus récent à vous citer et que je prends dans le canton d'Escurolles. Il y a à peine deux ou trois ans, le vaste communal de Brout était une lande sèche et improductive; aujourd'hui ce vaste ténement, affermé à M. Bounamour, notre collègue, s'est couvert d'une belle récolte par ses soins et son intelligence agronomique.

La vaine pâture fut également l'objet de l'examen d'une Commission, ainsi que le parcours de commune à commune. Ces droits d'usage furent signalés comme nuisibles à l'Agriculture, et leur suppression, ou tout au moins le règlement de ce droit par les Conseils-Généraux furent indiqués comme un remède au mal.

IRRIGATIONS.

Les Chambres, dans la session de 1845, ont voté une loi sur les irrigations. Cette loi consiste, dans le droit accordé au propriétaire qui peut disposer pour l'irrigation de ses propriétés d'eaux naturelles ou artificielles, de réclamer le passage de ces eaux sur les fonds intermédiaires à ses autres propriétés.

Ce droit est donc une servitude nouvelle imposée par un fonds sur un autre fonds.

L'économie de cette loi n'est pas, dit-on, un bienfait suffisant pour l'Agriculture. Ce n'est qu'un pas timide dans cette voie d'amélioration agricole, et qu'il faut s'empresser d'élargir.

Si l'on considère cette question sous un point de vue législatif, il faut convenir également que l'intelligence des lois est plus sûre dans un système complet de législation; mais il faut aussi tenir compte au législateur des justes préoccupations qu'il peut avoir, lorsqu'il vient ajouter à nos Codes, et l'on peut croire que cette pensée dernière n'a pas été sans influence sur le vote des Chambres. Quoi qu'il en soit, la servitude nouvelle d'irrigation imposée par un fonds sur un autre fonds, profitera aux intérêts agricoles, et l'expérience peut-être conduira bientôt à élargir les dispositions de la nouvelle loi.

La majorité du Congrès, pour arriver à cette seconde extension législative, exprima le vœu que le droit d'appui sur les cours d'eau fût ajouté aux dispositions de la loi d'irrigation; et comme complément d'un système largement compris dans cette matière, la Commission pria le Gouvernement d'étudier les moyens de rendre profitable l'irrigation pour tous, par l'association des propriétaires dans la construction des canaux d'irrigation. Le Congrès forma également le vœu que le Gouvernement réunît la richesse des eaux qui se perdent sans profit, dans des réservoirs d'irrigation. Cette question touche aux plus grands intérêts de l'Agriculture, et les difficultés d'exécution sont toujours en rapport avec la haute portée des choses.

Un document publié par le ministre de l'Agriculture et du commerce établit que la France possède 25,559,000 hectares de terres cultivées à la charrue, et seulement 4,198,197 hectares de prairies naturelles. C'est, comme on voit, dit le publiciste où je puise ce renseignement, 5 hectares un tiers environ de terre arable pour un hectare de pré. Si l'on compare, ajoute-t-il, cette situation avec celle des états qui environnent la France, on est frappé de la disparité vraiment énorme que révèle un tel rapprochement. En effet, les prairies naturelles sont en Allemagne, en Prusse, en Autriche, en Danemark, dans la proportion d'un hectare de pré pour trois hectares et demi environ de terre arable. Dans le Wurtemberg et en Bavière, on trouve un hectare de pré sur deux hectares et demi de terre labourable; et en Angleterre, ainsi qu'en Hollande, l'étendue superficielle des prairies égale, si elle ne surpasse pas celle des terres consacrées à la culture.

C'est à cette infériorité en France, quant à l'étendue de ses prairies, qu'on attribue son infériorité aux autres états, dans ses productions des matières animales, que l'administration des douanes représente en exportation par le chiffre seulement de 16 millions de francs, tandis que les importations animales en France s'élèvent au chiffre considérable de 110 millions. Ainsi, nous payons à l'étranger 94 millions en animaux de toute espèce.

Cette dernière conclusion, que je relève de la statistique de comparaison des productions animales de la France et de celles des états du Nord, vous donne la mesure de l'immense lacune que l'Agriculture doit combler en France par ses produits en animaux.

Cependant nous ne devons pas nous impressionner trop fortement de la richesse des nations étrangères en prairies. Les éléments de plusieurs natures en France peuvent manquer pour porter la prospérité des prairies naturelles à la hauteur de celle du pays qu'on nous cite ; mais la richesse de son sol, en général, peut lui offrir en compensation la culture des plantes fourragères.

Notre contrée, Messieurs, se trouve dans cette dernière condition. Nous n'avons que de minimes résultats à espérer de la loi d'irrigation. Le morcellement de nos terrains serait un grand obstacle aux passages des eaux ; et je crois que nos petits prés naturels seraient rarement en rapport avec les travaux d'art que la conduite des eaux pourrait nécessiter. Nos efforts, par conséquent, doivent tendre à propager les plantes fourragères, à maintenir et à multiplier les prairies artificielles qui viennent généralement très-bien dans notre sol.

SEL-ENGRAIS.

La question du sel a été cette année principalement envisagée par le Congrès sous le point de vue des intérêts agricoles pratiques. Les conclusions de la Commission se bornèrent à proposer à l'Assemblée d'appuyer la proposition qui a été faite à la Chambre des députés, et qui consiste à demander la réduction du droit du sel de dix centimes par kilogramme. A cette occasion, le Député auteur de cette proposition a fait connaître à la Chambre qu'en Suisse il n'y avait pas de cultivateur qui ne donne chaque jour du sel à son bétail. Chez les plus aisés, la ration journalière est portée jusqu'à 150 grammes. Elle est double pour les animaux destinés à la boucherie. Dans certaines contrées de la France, on se borne, dit-il, à donner à une vache 50 à 55 grammes de sel ; dans la plaine on en donne peu ou pas du tout.

Je crois, Messieurs, que nous nous trouvons dans cette dernière catégorie ; et je ne sache pas que l'aisance de nos cultivateurs ait pu leur permettre jusqu'ici d'aider par le sel, au prix de 25 centimes le demi-kil., l'alimentation de leur bétail. Cependant nous trouverions, dans l'usage du sel, un moyen efficace pour rendre plus appétissants aux bêtes nos fourrages, qui ne sont pas toujours de bonne qualité. Nos bêtes à cornes ne mangent pas avec plaisir nos gros foins. La paille d'orge, peu succulente, excite peu leur appétit. Le sel, mélangé à nos fourrages, ferait disparaître au goût du bétail la rudesse de nos foins et l'altération qu'ils pourraient avoir. Les fonctions digestives, activées par l'action du sel, tourneraient en profit une mauvaise nourriture qui souvent, en séjournant trop long-temps dans l'estomac, devient une cause de maladie et de mortalité. Je suis convaincu que les accidents que nos fourrages en vert occasionnent souvent aux bêtes à cornes deviendraient plus rares s'ils ne disparaissaient pas entièrement; car l'estomac du bétail, réchauffé par le stimulant du sel, serait moins disposé à se débiliter, et maintiendrait les organes dans un état meilleur de force et de vigueur.

Le sel employé comme engrais donnerait nécessairement à la terre une puissance active de végétation, et dans les terrains froids surtout, le principe salin ranimerait l'humus fertilisant. Les mêmes lois naturelles régissent ce monde ; il faut reconnaître que l'homme, les animaux et les plantes ont des liens communs de sympathie pour ce qui convient à leur constitution. Cette simple remarque ne permet pas d'admettre l'opinion qui a été soutenue par un savant chimiste, que le sel était impuissant comme engrais pour la terre. Mais nous ne devons pas d'abord élever si haut notre prétention ; notre progrès sera assez grand si nous pouvons bientôt faire usage du sel pour l'alimentation du bétail.

Les salines de la France sont nombreuses et riches. Le sel gemme ou de carrière peut encore fournir abondamment aux besoins du pays. Le revient du quintal métrique de sel à la saline dans l'Est s'élève tout au plus à 2 francs 50 centimes ; et dans l'Ouest, d'après le même compte-rendu par les ingénieurs des mines, il ne vaut que un franc 75 centimes. Le gouvernement ajoute à ce prix 30 fr. par quintal métrique (200 livres) , ce qui fait dans le premier cas 12 fois la valeur intrinsèque du sel , et, dans le second cas, 17 fois sa valeur intrinsèque.

L'impôt du sel produit 70 millions environ à l'Etat. Si la proposition faite à la Chambre était adoptée, le droit de 30 francs serait réduit à 20 francs par quintal métrique, ce qui serait un déficit pour le trésor de 20,500,000 fr. environ. En faisant suivre la même diminution au prix marchand du sel, la livre de sel qui coûte aujourd'hui 25 centimes ne coûterait plus que 19 centimes environ. C'est un prix encore trop élevé pour que l'Agriculture puisse convenablement faire usage du sel, et cette diminution ne pourrait profiter qu'aux besoins personnels de la classe pauvre. Les conséquences de ce bienfait ne seraient pas perdues pour le trésor, et il est probable qu'une consommation plus grande et plus étendue de sel ramènerait bientôt au trésor la perte qu'il pourrait éprouver momentanément. Cet exemple s'est produit en Angleterre avant 1823: l'impôt sur le sel étant au taux élevé de 75 francs par quintal métrique, il fut réduit, en 1823, au prix modéré de 10 fr. par quintal métrique, et la consommation du sel ne tarda pas à prendre un accroissement considérable.

Les besoins de l'Agriculture exigent que le sel lui soit livré au plus bas prix possible. L'impôt qui le grève doit à peu près disparaître pour son usage, et c'est dans ces vues que le Congrès exprima le vœu que le Gouvernement livrât le sel à l'Agriculture après l'avoir dénaturé par le mélange des substances dont la nature n'en permettrait pas l'usage aux hommes, mais qui pourraient, sans inconvénient, être employées avec le sel mélangé à l'alimentation des animaux. Ce vœu se trouve d'accord avec les projets du Gouvernement qui déjà, comme je l'ai dit, a manifesté l'intention de mettre le sel à la disposition de l'Agriculture après l'avoir mélangé avec d'autres substances. La protection éclairée que M. Cunin-Gridaine, ministre de l'Agriculture et du Commerce, n'a cessé d'accorder aux intérêts agricoles, ne laissait aucun doute de voir bientôt réaliser cette promesse du Gouvernement en faveur de cette branche importante de son ministère qui verse au trésor la somme la plus forte de l'impôt (Budget de 1846, impôt foncier, 275,997,484 francs).

La Commission des engrais nomenclatura un grand nombre de matières qui peuvent servir d'engrais à la terre et produire la fertilité du sol. Le Congrès exprima le vœu que le Gouvernement prît des mesures pour faire tourner au profit de l'Agriculture ces matières qui, faute d'être recueillies, se perdent et ne profitent à personne.

VINS.

Le rang que la question des vins occupe dans les produits agricoles est à bon droit l'un des premiers. Cette circonstance devait naturellement classer de nouveau au Congrès de 1845 le rapport des vins.

La Commission renouvela les plaintes de l'industrie vinicole. Elle déclara qu'il ne fallait pas fonder l'espoir d'un meilleur avenir pour les vins français dans le débouché des marchés étrangers ; à cet égard toute espérance serait trompeuse. La culture de la vigne est tellement étendue et pratiquée, qu'il est permis de dire que maintenant presque toutes les nations peuvent abondamment garnir leur table de vins récoltés chez elles. La Commission exprima l'opinion que c'était à l'intérieur de la France qu'il fallait chercher le remède au mal qui, suivant elle, prenait sa source dans l'impôt qui frappe les vins. La conséquence de cette opinion était l'expression du vœu que les droits sur les vins fussent diminués. C'est par la demande que les droits fussent réduits de moitié que se termina le rapport de la Commission.

La première suppression que la Commission signala au Gouvernement fut la surtaxe qui fait partie de l'octroi de 450 villes. La suppression de la surtaxe des villes ne diminuerait en rien les ressources du trésor, et la perte pour le budget des villes surtaxées ne serait qu'une mesure rigoureuse de droit commun pour toutes les villes de France.

Les contributions sur les boissons figurent au budget de l'Etat de 1846 pour une somme de 98,233,000 fr. La réduction de moitié de l'impôt sur cette denrée produirait nécessairement un déficit considérable dans les recettes du trésor, et il ne peut entrer justement dans la pensée de personne de lui faire éprouver une perte en lui laissant les mêmes charges, sans lui présenter un moyen de combler le déficit.

Le rapporteur de la Commission des vins établit que la diminution de l'impôt sur les boissons, en augmenterait de beaucoup la consommation, et il appuya son opinion de plusieurs exemples puisés dans la diminution du droit d'octroi sur les vins par plusieurs villes qui avaient par cette mesure amélioré leurs recettes provenant de cette denrée. On comprend cependant que la demande de réduction de tout impôt soit accueillie avec réserve par le Gouvernement, en présence des travaux publics qui sont en grand nombre en voie d'exécution et dont les projets de beaucoup d'autres ne peuvent tarder à s'exécuter.

Le vœu du Congrès pour la diminution de l'impôt s'étendit à toutes les boissons en général. On proposa cependant de maintenir le droit sur les alcools ou boissons fortes, telles que les eaux-de-vie. La raison de cette exception fut prise dans un sentiment de moralisation populaire et de bon ordre, afin de combattre la tendance des classes ouvrières à recourir à la boisson funeste des liqueurs alcooliques.

Il est probable que le bas prix du vin rendrait moins habituel l'usage des boissons fortes ; mais l'usage fréquent et copieux du vin comme des liqueurs est une cause de désordres qui sont plus rares lorsque le vin est cher. Mon expérience des affaires criminelles m'a démontré la vérité de ce fait, et je crois que cette dernière considération est un point de morale publique qui doit avoir sa valeur dans l'examen de la protection que réclament les intérêts vignicoles.

CHEVAUX.

La question des chevaux, dans la session de 1845, n'a pas fait un grand pas. En première ligne, cette question est toujours placée, par ceux qui la traitent, sur le terrain de la défense du pays et de l'honneur national ; et, à cet aspect, elle grandit de toute son importance.

L'industrie chevaline se plaint qu'elle n'est pas suffisamment protégée en France. Elle critique le mode suivi pour la remonte de l'armée, et surtout elle demande que le Gouvernement élève ses prix d'achats. Cette dernière condition, aux yeux de la Commission des chevaux, serait un moyen assuré d'encouragement pour l'éleveur, et par conséquent une cause de rapide prospérité pour l'industrie chevaline.

La moyenne du prix des chevaux de troupe, en France, est de cinq à six cents francs. Le prix, dit-on, est beaucoup plus élevé pour les chevaux qui sont achetés à l'étranger, et l'on prétend que de mauvais chevaux allemands et anglais ont été payés 1,000 fr.

Il faut croire que la dure condition qui nous est faite par les nations étrangères, ne provient pas du mauvais vouloir de la remonte de l'armée. Ce sentiment antinational ne peut légèrement se présumer; et c'est sans doute le manque de chevaux en France, en nombre et en qualité, qui nécessite l'achat des chevaux étrangers qui viennent combler la lacune de 10,000 chevaux que la France ne peut fournir à l'armée.

Les chevaux de luxe sont encore plus rares, et l'on porte à 20,000 le nombre de chevaux qui sont importés en France pour ce genre de besoin. On signala peut-être avec raison une des causes principales qui nuisait à l'élève du cheval de luxe en France : c'est la mode presque générale des gens riches de garnir leurs écuries de chevaux anglais ou allemands. Un sentiment plus national aurait nécessairement pour effet d'encourager en France une industrie difficile, chanceuse et longue dans ses produits. Cette nationalité chevaline, jointe à l'augmentation des fourrages qui doit être la conséquence du système d'irrigation déjà introduit dans nos lois, donnerait bientôt à la France les chevaux que réclament ses besoins. Le vœu du Congrès se borna à demander le maintien du droit qui frappe aujourd'hui les chevaux étrangers, et il rejeta la proposition d'augmenter ce droit, qui dans l'état actuel des produits en chevaux, deviendrait en effet une charge trop lourde pour les besoins du pays.

Le Congrès s'occupa également des saillies les meilleures pour le développement plus rapide et plus fort des races. Le cheval pur sang ne réunit pas le suffrage en général du Congrès. On soutint qu'on sacrifiait par ce produit, à l'élégance des formes, les qualités saines, solides, fortes et précoces du produit du cheval demi-sang. L'accouplement avec la jument percheronne et autre de ce genre fut présenté comme devant produire de bons résultats. Les allures du cheval ne sont pas exclusives de la force d'une bonne constitution, mais je comprends que ses membres doivent perdre en force ce qu'ils gagnent en vitesse, et par conséquent ils sont moins propres à soutenir la fatigue.

BESTIAUX.

La question des bestiaux était trop importante pour qu'elle ne fût pas l'objet d'un nouvel examen dans la session du Congrès de 1845.

La Commission des bestiaux proposa d'abord de renouveler le vœu que le droit protecteur qui frappe l'entrée des bestiaux étrangers en France fût maintenu. Le Congrès s'associa à ce renouvellement de vœu. La Commission ajouta à ce premier vœu celui qu'à l'entrée des villes le droit d'octroi fût perçu au poids et non par tête avec un droit de 55 cent. par kil. pour la viande vivante, et de 10 cent. pour la viande morte. Le Congrès, comme l'année dernière, adopta cette proposition.

La perception d'octroi sur les bestiaux au poids et non par tête, doit avoir pour conséquence l'introduction d'une plus grande quantité de bestiaux sur les marchés, et fournir davantage par la même conséquence à la consommation. Le prix de la viande étant plus en rapport avec sa qualité, l'usage en deviendra plus général.

Le rapport de la Commission des bestiaux porta son examen principalement sur les moyens d'améliorer les races et d'augmenter en France le nombre des bestiaux. Le nombre des bestiaux et leur bonne qualité sont les premiers signes de la prospérité agricole d'un pays, et je n'ai pas besoin de vous dire, Messieurs, ce que vous savez tous, que le bétail est l'agent principal d'une bonne culture. Cette question est donc vitale pour obtenir, en Agriculture, de véritables progrès, et c'est à ce but de richesse et de prospérité que doivent tendre tous les efforts des Sociétés agricoles.

La Commission, dans son rapport, énuméra les moyens qui devaient conduire dans la voie d'amélioration de la race des bestiaux, et elle en fit l'objet de ses conclusions. Elle demanda que le Congrès exprimât le vœu que le Gouvernement distribuât des encouragements de toute espèce aux Sociétés d'Agriculture et aux Comices qui s'occuperaient utilement de l'amélioration de leurs races de bestiaux. Elle demanda que les bergeries et vacheries modèles et les dépôts de taureaux étalons que le gouvernement à déjà créés en trois endroits, fussent multipliés, tout en prenant en considération pour le choix des races qui y seraient établies, les besoins et les habitudes des diverses contrées.

Le croisement de nos races avec les races des bestiaux étrangers, ne peut devenir un bienfait général, et je trouvai rationnel l'opinion qui fut émise qu'il serait peut-être désirable de moins s'occuper d'introduire en France des races étrangères, que de chercher les moyens de conserver nos types, et d'améliorer nos races par nos races. Cette opinion renferme un système de prudence qu'il ne faut pas rejeter, et qu'il est au contraire très-sage de suivre dans les expériences des races étrangères qu'il est utile cependant de faire.

A cette occasion, Messieurs, je dois vous parler de Madame la princesse Adélaïde d'Orléans, sociétaire de votre Comice. Lors de mon départ pour Paris, j'ai été chargé pour son Altesse royale d'une lettre signée par MM. les présidents des Comices de Riom et d'Escurolles. Le but de cette missive était de remercier Madame Adélaïde d'Orléans, de l'intérêt qu'elle prenait à l'Agriculture de notre contrée. Cette démarche fut accueillie, par son Altesse Royale, avec la plus grande bienveillance, et elle m'exprima tout son désir d'accéder à la nouvelle demande qui lui était faite d'établir un taureau de Durham dans sa terre de Randan, pour aider à l'amélioration de la race des bestiaux du pays.

Le Congrès s'occupant des moyens d'améliorer et d'augmenter le nombre des bestiaux en France, devait, en même temps, rechercher les moyens d'obtenir la plus grande consommation de viandes possible. La Commission des bestiaux, à cet effet, porta ses investigations sur la boucherie de Paris, qui est le centre de la consommation la plus forte.

Elle fit connaître au Congrès que le capital employé à la boucherie de Paris, était de 50 à 55 millions, et que le produit de cette somme répartie également entre les 500 bouchers de la capitale, formait pour chacun d'eux une moyenne de 10,000 f. de profit.

Le rapporteur de la Commission des bestiaux signala un fait assez curieux après avoir compulsé les registres de Poissy. Ce fait consiste à établir qu'en remontant à l'année 1760, on trouve que le prix de la viande de 1760 à 1780 était de 99 centimes les deux livres; de 1800 à 1840, le prix moyen est d'un franc: différence 1 centime.

On est conduit à conclure de ce rapprochement de dates qu'il y a eu augmentation de produit de viande à raison de l'augmentation de la population, mais que le prix de la viande n'a pas diminué à proportion de l'augmentation de son produit. Ce résultat semblerait cependant devoir être la conséquence naturelle d'un produit plus fort en viande. La raison de ce résultat extraordinaire est-elle dans le gain trop élevé de l'industrie des bouchers?

La Commission, dans des vues d'un intérêt agricole et du bas prix de la viande pour l'alimentation de la population, proposa au Congrès d'émettre le vœu que les bestiaux qui ne pourraient pas se vendre sur le marché de Poissy, puissent être abattus par les propriétaires, et vendus à l'enchère sur les marchés de Paris, comme les poissons, le beurre, etc., etc. Elle ajouta la demande que la viande de la banlieue de Paris et celle qui pourrait arriver de tout autre lieu par les chemins de fer, pussent également se vendre plus de deux fois par semaine dans Paris, comme cela seulement est aujourd'hui permis.

Ces indications d'amélioration pratique devaient obtenir l'assentiment général du Congrès.

CÉRÉALES.

L'importance de la question des céréales avait déterminé le Congrès de 1844 à renvoyer son examen au Congrès de 1845. Il paraît que cet ajournement à été peu profitable à la question des céréales, car, c'est à peine si une Commission de cinq membres a pu se former, pour examiner cette question. Le peu d'empressement des membres du Congrès à faire partie de cette Commission m'étonna, et je crus devoir prendre place dans ses rangs. Je représentai à moi seul, dans la Commission, les intérêts des départements du centre.

Les céréales sont le produit principal de notre contrée, aviez-vous dit dans la question que vous aviez posée sur cette matière à la Commission permanente du Congrès qui avait également classé l'expression des vœux du Comice d'Escurolles à cet égard. A ce titre, l'examen de cette question était majeur pour nous, et il importait par conséquent aux intérêts de notre localité, que les plaintes de cette industrie se fissent entendre le plus tôt possible, et que la lecture du rapport, sur cette matière, fixât l'attention du Congrès dans la session de 1845.

La question des céréales posée par le programme du Congrès, n'est pas celle qui aurait pour but d'examiner la nature de la meilleure qualité d'une céréale sur une autre céréale. Cette question pratique comme beaucoup d'autres du même genre, ne convenait pas à la nature d'une assemblée telle que le Congrès central d'Agriculture. La Commission des céréales a examiné dans son rapport, le tarif, la question des zones et des départements de l'Ouest ; c'est-à-dire la facilité donnée à l'importation en France, des céréales étrangères et les abus qui naissent du règlement du tarif d'importation. On comprend que les blés de l'intérieur auront d'autant plus de débit et de faveur, qu'ils seront protégés avec plus de justice et de sollicitude contre l'invasion des blés étrangers.

Cette matière, il ne faut pas se le dissimuler, présente un côté délicat à l'appréciation de l'économie politique, et le sinistre mot d'accaparement de cette denrée de première nécessité est un avertissement qui pèse de tout son poids sur les règles à suivre dans les conditions de la vente des blés ou de l'introduction de cette marchandise.

Cependant en faisant la part de cette considération d'humanité et de bon ordre, il est juste de fixer des mesures protectrices des droits du producteur des céréales, et de corriger les abus qui blesseraient illégalement ses intérêts, que la loi du 15 avril 1832 a placés dans des conditions moins favorables que les lois précédentes, à moins que ces avantages ne se trouvent compensés par la liberté d'exportation qui existe aujourd'hui concurremment avec celle d'importation.

J'ai lu dans un document officiel que dans les quatre premiers mois de cette année, il avait été importé 20,625 quintaux métriques froment; 1,026 quintaux autres grains. et 10,000 quintaux farines.

Il a été exporté 18,551 quintaux métriques froment, 44,449 quintaux en autre nature de grains, et 15,441 quintaux farines.

Il résulte de l'état de ces chiffres que l'importation en froments étrangers a été plus forte que l'exportation, mais que le chiffre de l'exportation de France à l'étranger, est plus élevé pour la nature des autres grains et pour les farines.

La Commission des céréales signala les fraudes employées pour éviter la surtaxe d'un franc 25 centimes par hectolitre qui frappe les blés importés par navire étranger; ainsi, les cargaisons destinées pour le littoral de la Manche et du Nord, sont placées à leur arrivée sur un navire français, et opèrent leur débarquement sur un autre point du littoral, et par ce moyen facile, elles évitent la surtaxe.

Il existe un autre moyen non moins facile d'éviter le droit de surtaxe : c'est celui de choisir pour lieu de débarquement le marché dont le prix moyen régulateur est au-dessous du prix fixé par la loi, pour que la surtaxe frappe le froment importé par navire étranger. Par exemple, le prix moyen régulateur n'étant dans la 2e section de la 4e classe que de 20 fr. 37 cent., et devant être de 22 fr. pour être soumis à la surtaxe, le débarquement de la cargaison s'opérera à Quimper et non à Dieppe, qui est compris dans le marché de Soissons (4me classe) dont le prix moyen régulateur est de 23fr. 55 cent., ce qui soumettait le navire à la surtaxe.

Les arrivages par la Méditerranée trouvent également le moyen de soustraire les navires étrangers à la surtaxe, ils vont se *franciser* à Nice qui, à ce que j'ai appris, a le privilége dans cette circonstance de faire perdre au pavillon du navire le caractère d'étranger.

L'entrepôt de Marseille jouit également d'un privilége que rien ne paraît justifier. Le droit n'est pas payé au moment de l'arrivée des navires, mais seulement lorsque les blés sont vendus, et il est probable qu'ordinairement la vente s'en opère par les mercuriales les plus basses.

Vous comprenez, Messieurs, que les blés des départements du centre doivent nécessairement souffrir de ces manœuvres qui faussent la négociation des céréales, et il nous appartient de protester contre ces abus.

Le Congrès, sur la proposition de la Commission, exprima le vœu que les mercuriales fussent déterminées au poids et non à la mesure. Le poids de blé remplaçant la mesure fut jugé, par la Commission et le Congrès, comme un moyen plus assuré pour déterminer la quantité et la valeur du blé. La proposition qu'il fût établi une mercuriale séparée pour l'avoine fut également adoptée.

Le rapport de la Commission contenait aussi la proposition d'exprimer le vœu que les mercuriales fussent trimestrielles, et ne pussent pas, comme cela se pratique, se renouveler tous les huit jours. Le Congrès rejeta cette proposition. Je vis avec regret le rejet de cette mesure qui me paraissait avoir été conçue dans des vues d'une plus grande sécurité pour le commerce des céréales dont les spéculations tenues en haleine, par la prompte variation des mercuriales, sont trop précipitées, et déterminent à des achats moins considérables.

En l'an 2 (1793), il fut défendu de couper les récoltes en vert. Cette loi conçue dans la crainte d'une disette possible, à une époque d'agitation politique, n'a pas été rapportée. Le Congrès confiant dans les lumières agricoles de notre époque, en a réclamé l'abolition.

La Commission, dans son sein, s'était occupée de la boulangerie, mais le Congrès ne crut pas qu'il était opportun de soumettre cette question à l'examen de l'Assemblée.

ORGANISATION DES COMICES. — HYGIÈNE DES CAMPAGNES.

J'ai réuni dans un même article la question de l'organisation des Comices et celle de l'hygiène des campagnes, quoiqu'elles aient été au Congrès l'une et l'autre l'objet d'un rapport particulier.

La réunion de ces deux questions abrégera mon

travail ; je considère d'ailleurs l'hygiène des campagnes comme une attribution naturelle des Comices.

La Commission qui s'était chargée de développer la question d'hygiène proposa d'exprimer le vœu que le Gouvernement nommât des Commissions qui seraient chargées annuellement d'inspecter les villages, les habitations des cultivateurs et les constructions de leurs étables. Ces Commissions auraient mission de proposer aux cultivateurs des règles hygiéniques pour la construction de leurs habitations, qui généralement ne s'élèvent pas au-dessus du sol et sont, par cette seule raison, malsaines. La lumière est une seconde condition de salubrité ; il importe donc de faire perdre l'ancien usage de bâtir des maisons sans fenêtre, et il est également essentiel que les ouvertures soient assez larges pour donner le plus de lumière possible et pour renouveler l'air promptement.

La santé des animaux s'acquiert aux mêmes conditions que celle de l'homme ; cependant une lumière trop vive est un obstacle à l'engraissement du bétail. Il est reconnu que l'animal consomme moins de nourriture au grand jour que lorsqu'il se trouve dans un lieu peu éclairé.

Le rapport de la Commission signalait comme nuisible l'établissement transversal des courants d'air dans les étables, et donnait le conseil de faire arriver du haut la lumière. Le genre de nos constructions se prête peu à cette manière de purifier l'air de nos étables ; mais je crois qu'il est facile d'arriver au même but sans danger, en évitant de placer en face des animaux les ouvertures pratiquées à différents aspects. Le rapport signalait aussi les graves inconvénients qui généralement résultent du peu de soin que mettent les habitants des campagnes à éloigner de leurs habitations les fumiers, les mares d'eau croupissante qui altèrent l'air et répandent des miasmes qui compromettent la santé, et sont la cause principale des fièvres et des maladies pernicieuses qui atteignent si souvent les cultivateurs. Cependant une bonne santé assure un bon travail, et les forces de l'homme sont surtout nécessaires aux travaux des champs. C'est donc tout à la fois une œuvre de bien, d'humanité et d'intérêt producteur que de placer la population agricole dans une bonne condition de santé.

Un article de votre programme des distributions des primes s'applique à la bonne tenue des étables et des écuries. Si vous ajoutiez à cet article une mention honorable pour la bonne tenue de l'intérieur des villages et des habitations, vous auriez atteint, dans la circonscription du Comice, ce que la Commission du Congrès demandait qui fût fait pour conduire les habitants des campagnes au bien être de la santé, qui est la première condition qui prépare au bien être moral et matériel de la vie.

L'organisation des Comices fut l'objet d'un long rapport, et le système qui fut développé tendait à placer tous les Comices sur un plan égal et uniforme de règlement. La Commission de l'organisation des Comices plaçait en tête de son organisation la Commission permanente du Congrès central qu'elle portait à 40 membres. Le Conseil permanent du Congrès aurait eu mission de transmettre périodiquement aux divers Comices de France les instructions et les documents qui pouvaient intéresser l'Agriculture. Les Comices, de leur côté, auraient été dans l'obligation de rendre compte à la Commission permanente de leurs travaux et des progrès de l'Agriculture dans chaque localité de leur siége.

Ce mode de centralisation des travaux agricoles ne fut pas admis par la majorité du Congrès. On repoussa comme dangereuse toute hiérarchie qui aurait pour conséquence de faire dépendre une Société agricole d'une autre Société agricole. Je partage cet avis et je crois qu'il est même nécessaire que chaque Société agricole soit indépendante dans son action, par le motif qu'en Agriculture la théorie est toujours soumise à la pratique, qui rejette dans un pays ce qu'elle admet et avec avantage dans un autre.

Cependant il faut éviter de voir des inconvénients dans les mesures qui peuvent, au contraire, conduire au bien, et je pense que les rapports périodiques, sans les rendre obligatoires, des Comices avec la Commission centrale du Congrès, ne pourraient avoir qu'une heureuse influence, en encourageant et en excitant leur zèle. Les conseils qui partent d'un centre commun ont une force d'action qui se fait promptement sentir et que rien ne remplace.

Le Congrès se borna à exprimer le vœu que les

Comices formassent entre eux des relations les plus intimes. Chose difficile à comprendre, pour ne pas dire impossible, lorsqu'on songe qu'il faut chercher ces liens d'intimité sur tous les points de la France.

J'ai parcouru, Messieurs, toutes les questions du programme du Congrès dont les rapports ont été lus et discutés. Le peu de durée de la session ne permit pas de prendre connaissance de vingt autres rapports qui étaient prêts, mais qui n'ont pu obtenir leur tour de discussion faute de temps. Ces nombreux rapports, qui d'ailleurs ne sont que des subdivisions du programme, préparent peut-être des matières trop étendues à la discussion d'une assemblée dont la réunion ne dure que quelques jours. Cet inconvénient ne tardera pas, sans doute, à se faire sentir, et il appellera nécessairement à cet égard une réforme du programme.

Le travail rapide et volumineux des Commissions restera cependant comme indication des immenses intérêts qui touchent à l'Agriculture, et il atteste, en outre, la haute capacité d'un grand nombre de membres du Congrès central.

L'Assemblée ne s'est point séparée sans présenter au Roi le témoignage de son respect et de son dévouement; et pour préparer ses travaux et la réunion du prochain Congrès, elle nomma au scrutin secret la Commission permanente au nombre de 25 membres (1).

(1) Ce sont : MM. le duc de Cases, de Gasparin, pairs de France, Darblay, député, de Vogné, de Tracy, député, de Tocqueville, député, Dezeimeris, député, de Torcy, Pommier, d'Ha-

Le Comice d'Escurolles, Messieurs, a été représenté au Congrès central, comme l'année dernière, par M. de Montlaur et par moi. L'admission au Congrès de l'un et de l'autre n'a fait l'objet d'aucune difficulté, quoiqu'elle fût contraire au règlement de la Commission permanente qui avait décidé qu'il n'y aurait qu'un délégué par Comice autorisé pour un seul canton.

En terminant, vous me permettrez l'expression d'un sentiment personnel. C'est le désir que j'aurai toujours de joindre mes efforts à ceux des habitants du canton d'Escurolles pour travailler en commun à la prospérité générale de l'Agriculture, et en particulier à celle d'une contrée où déjà depuis quinze ans reposent mes premiers intérêts agricoles, ainsi que le souvenir de mon premier titre administratif et de mes premières affections territoriales.

vrincourt, comte d'Esterno, Dupin aîné, député, Lemaire, député, Barillon, député, Payen, Fouquier-d'Heronel, de Romanet, de Kergorlay de Caumont, Lefevre, Moll, Chasles, député, de Laussat, de Liancourt et Lefour.

RIOM, IMPRIMERIE DE E. LEBOYER.

www.ingramcontent.com/pod-product-compliance
Ingram Content Group UK Ltd.
Pitfield, Milton Keynes, MK11 3LW, UK
UKHW021653260726
13994UKWH00003B/1446